BEI GRIN MACHT SICH IHR WISSEN BEZAHLT

- Wir veröffentlichen Ihre Hausarbeit,
  Bachelor- und Masterarbeit

- Ihr eigenes eBook und Buch -
  weltweit in allen wichtigen Shops

- Verdienen Sie an jedem Verkauf

Jetzt bei www.GRIN.com hochladen
und kostenlos publizieren

Bibliografische Information der Deutschen Nationalbibliothek:

Die Deutsche Bibliothek verzeichnet diese Publikation in der Deutschen National-
bibliografie; detaillierte bibliografische Daten sind im Internet über http://dnb.d-
nb.de/ abrufbar.

Dieses Werk sowie alle darin enthaltenen einzelnen Beiträge und Abbildungen
sind urheberrechtlich geschützt. Jede Verwertung, die nicht ausdrücklich vom
Urheberrechtsschutz zugelassen ist, bedarf der vorherigen Zustimmung des Verla-
ges. Das gilt insbesondere für Vervielfältigungen, Bearbeitungen, Übersetzungen,
Mikroverfilmungen, Auswertungen durch Datenbanken und für die Einspeicherung
und Verarbeitung in elektronische Systeme. Alle Rechte, auch die des auszugsweisen
Nachdrucks, der fotomechanischen Wiedergabe (einschließlich Mikrokopie) sowie
der Auswertung durch Datenbanken oder ähnliche Einrichtungen, vorbehalten.

Impressum:

Copyright © 2009 GRIN Verlag, Open Publishing GmbH
Druck und Bindung: Books on Demand GmbH, Norderstedt Germany
ISBN: 9783640688357

Dieses Buch bei GRIN:

http://www.grin.com/de/e-book/154840/soziale-disparitaeten-in-kanada-am-beispiel-
von-vancouver

Max Essig

Soziale Disparitäten in Kanada am Beispiel von Vancouver

GRIN Verlag

GRIN - Your knowledge has value

Der GRIN Verlag publiziert seit 1998 wissenschaftliche Arbeiten von Studenten, Hochschullehrern und anderen Akademikern als eBook und gedrucktes Buch. Die Verlagswebsite www.grin.com ist die ideale Plattform zur Veröffentlichung von Hausarbeiten, Abschlussarbeiten, wissenschaftlichen Aufsätzen, Dissertationen und Fachbüchern.

Besuchen Sie uns im Internet:

http://www.grin.com/

http://www.facebook.com/grincom

http://www.twitter.com/grin_com

Julius-Maximilans Universität Würzburg

Seminar Regionale Geographie Nordamerikas

Seminararbeit

Soziale Disparitäten in Kanada am Beispiel von Vancouver

Michael Maximilian Essig

Bachelor Geographie 4. FS

Würzburg, den 10.06.2009

Abbildungsverzeichnis

Abb. 1: Verstädterung in Kanada 6
Abb. 2: Armut Stadt/ Land 1970-1995 6
Abb. 3: Armut nach Geschlecht und Alter 7
Abb. 4: Visible Minority Bevölkerung und ihr Status 8
Abb. 5: Armut von Ureinwohner in Städten 8
Abb. 5: Armutsgefährdete Menschen mit Behinderung 9
Abb. 6: Haushaltstyp und Armut 9
Abb. 7: Beschäftige Industrie-/ Dienstleistungssektor 10
Abb. 8: Beschäftige Industrie-/ Dienstleistungssektor 11
Abb. 9: Bildung und Armut 11
Abb. 10: Gini Koeffizient ausgewählter Länder 12
Abb. 11: Sozialausgaben 2002- 2003 Canada 13
Abb. 12: Bevölkerungsentwicklung GVRD und Vancouver 14
Abb. 13: Stadtteile Vancouver 15
Abb. 14: Zonen DTES 16
Abb. 15: Bvölkerungsveränderung DTES 1991- 2001 16
Abb. 16: Bevölkerungsverteilung DTES 16
Abb. 15: Bvölkerungsveränderung DTES 1991- 2001 17
Abb. 16: Altersstruktur DTES 1991- 2001 17
Abb. 17: Haushaltsstruktur DTES 18
Abb. 18: Haushaltsstruktur DTES in Zonen 18
Abb. 19: Immigranten DTES 19
Abb. 20: Einkommen DTES 19
Abb. 21: Wohnungsmarkt 20
Abb. 22: Emergency Shelters 21
Abb. 23: Obdachlosigkeit Vancouver 22

Inhaltsverzeichnis

Abbildungsverzeichnis 2

1 Einleitung 4

2 Armut und die Aufgabe des Sozialstaats 4

3. Armut in Kanada 6

3.1 Von Armut betroffene Bevölkerungsgruppen in Kanada 7

3.2 Der kanadische Wirtschafts- und Arbeitsmarkt 10

3.3 Sozialleistungen in Kanada 11

4. Vancouver 14

4.1 Downtown Eastside 15

4.1.1 Demografisches Profil der DTES 16
4.1.2 Wohnungsmarkt 20
4.1.3 Öffentliche soziale Einrichtungen und Leistungen 21
4.1.4 Revitalisierung 21
4.1.5 Sichtbare Probleme in der DTES 21

5. Ausblick 22

Literaturverzeichnis 23

1 Einleitung

In Zeiten der Globalisierung und dem damit verbundenem allgemeinen Anstieg des Wohlstandes stehen die Länder dennoch vor großen Problemen. Auf die raschen und oft unvorhersehbaren Entwicklungen auf dem Markt und in der Wirtschaft wird und kann nicht immer optimal reagiert werden. Die Folgen sind unter anderem ein großes Ansteigen der Arbeitslosigkeit und der daraus resultierenden Armut. Von einer absoluten Armut, also einer Existenz bedrohenden Armut, kann in Industriestaaten nicht mehr die Rede sein. Die sozialen Sicherungssysteme wissen das gut zu verhindern. Allerdings sind viele Menschen von relativer Armut bedroht. Das macht sich durch ein deutliches Zurückbleiben hinter gewissen Lebensstandards bemerkbar. Die Schere zwischen "Armen" und "Reichen" wird immer größer und scheint ganz auseinanderzubrechen.

In internationalen Studien und Umfragen gelten kanadische Städte als die Städte mit der größten "liveability". Vancouver wurde gerade von ECONOMIST.COM zur Stadt mit der größten Lebensqualität gewählt. Dies bestätigen auch die Zahlen; nach LENZ verbuchen die Bevölkerungszahlen einen stetigen Anstieg. Einen großen Anteil daran haben die Einwanderer. Nach STATISTICS CANADA CENSUS 2006 sind 20% der kanadischen Bevölkerung nicht in Kanada geboren. Hinsichtlich dieser starken Migration stellt sich die Frage, ob überhaupt genug Arbeitsplätze zur Verfügung stehen, damit sich die Menschen versorgen können und vielmehr ist es von Interesse was mit den Menschen passiert, die eben keine Arbeit haben? Wie reagiert Kanada als Sozialstaat auf soziale Disparitäten? Was passiert in den Städten - gibt es auch Ghetto Bildung wie bei seinem Nachbarn USA? Diese Fragen sollen in dieser Seminararbeit untersucht und beantwortet werden. Als Untersuchungsobjekt gilt dabei die Stadt Vancouver.

2 Armut und die Aufgabe des Sozialstaats

"Seit es ihn gibt, ist der Sozialstaat umstritten, und zwar paradoxerweise nicht nur bei denjenigen, die zu seiner Finanzierung beitragen, ohne von Leistungen zu profitieren, sondern auch bei vielen seiner Nutznießer." (Butterwegge,1999)

Das Bestreben eines Staates ist es, dass es seinen Bürgern gut geht. Ohne zufriedene Bürger gibt es auch keinen Staat. Der Sozialstaat bemüht sich um eine soziale Gerechtigkeit innerhalb seiner Landesgrenzen. In jedem Land gibt es sehr benachteiligte Bevölkerungsgruppen wie Alte, Kranke, Behinderte und Erwerbslose. Der Sozialstaat versucht über den "ökonomischen Reproduktionsprozess durch Geld-, Sach-, und/oder personenbezogene

Dienstleistungen des Bildungs-, Gesundheits-, und Sozialwesen" soziale Disparitäten aus-
zugleichen bzw. zu verringern. (Butterwegge, 1999, S.9)

Man versteht also unter einem Sozialstaat ein Gemeinwesen, das seine Bürger gegen
Krankheit, Erwerbslosigkeit und Unterversorgung zu schützen versucht und den Betroffe-
nen eine ausreichende Unterstützung gewährt. Erwerbslosigkeit, Krankheit und Unterversorgung kann man auch zusammenfassend als Armut bezeichnen. Der Staat hat die schwie-
rige Aufgabe herauszufinden wen er tatsächlich unterstützen muss bzw. wann ein Mensch
als "arm" gilt und Hilfe benötigt.

Man unterscheidet zwischen absoluter Armut und der relativen Armut. Die WELTBANK
quantifiziert die "absolute Armut" mit 1,25$ pro Person und pro Tag. Wenn die Menschen
weniger Geld zur Verfügung haben, können sie sich eine erforderliche Ernährung bzw.
lebenswichtige Bedarfsartikel nicht mehr leisten. Die Messung der absoluten Armut wird
oft in Entwicklungsländern verwendet.

Die "relative Armut" hingegen misst die Armut im Vergleich zu seinem sozialen Umfeld
eines Menschen. Ein "armer" Mensch in Deutschland ist deutlich "reicher" als ein "armer"
Mensch in einem Entwicklungsland. Zu sagen, dass sich ärmere Menschen in Industrielän-
der nicht beschweren sollten, da es ihnen viel besser ergeht, wie den Armen in Entwicklungsländern ist schlichtweg eine irreführende Aussage.

Die Quantifizierung von der relativen Armut ist von Land zu Land sehr unterschiedlich.
Die BUNDESREGIERUNG VON DEUTSCHLAND definiert Armut als "ein gesellschaftliches
Phänomen mit vielen Gesichtern" weshalb es sich "einer eindeutigen Messung" entzieht.
Dennoch muss es gemessen werden. Deutschland misst das "relative Armutsrisiko", also
der "Anteil der Personen in Haushalten, deren bedarfsgewichtetes Nettoäquivalenzein-
kommen weniger als 60% des Medians aller Personen beträgt." (Bundesregierung, 2008, S.
IX) Nach Datenbasis von EU-SILC 2006 liegt die Armutsrisikoschwelle in Deutschland
bei 781€ dies entspricht einer Armutsrisikoquote von 13%. (Bundesregierung, 2008, S.XI)
Kanadas inoffizielle Definition basiert auf den Zahlen von STATISTICS CANADA's Low In-
come Cut- Offs kurz LICOs. "Ein Haushalt, der mehr als 54,7% seiner jährlichen Einkommen für Nahrung, Unterkunft und Kleidung ausgibt" gilt in Kanada als
arm.(Community Social Planning Council, 2003, S.1) Nach STATISTICS CANADA CENSUS
2006 beträgt der LICOs im Jahre 2006 10,5%. Im Sechsjahresvergleich ist er fallend.

Man erkennt, dass es relativ schwierig ist, Armut zu definieren und damit ist es auch
schwierig arme Menschen zu unterstützen und zu helfen. Die Frage, die sich auftut ist, gibt

es tatsächlich soziale Gerechtigkeit im Hinblick auf immer knapper werdenden Mitteln und Einsparungen seitens der Regierungen.

3. Armut in Kanada

Kanadas Bevölkerung lebt zum Großteil in urbanen Gebieten. Während um 1920 das Verhältnis zwischen den Menschen, die in Städten lebt und den Menschen auf dem Land ausgeglichen ist, änderte sich dies in den folgenden Jahren extrem zugunsten der Städte. Heute leben 77,9% in den Städten und 22,1% auf dem Land. Abbildung 1 bestätigt die rasante Verstädterung bzw. zeigt die Prognose für das Jahr 2025. Demnach leben im Jahre 2025 mehr als 82% in den Städten. Die Verstädterung ist somit sehr fortgeschritten und ist weiterhin ansteigend.(vgl. Lenz, 2001, S.119).

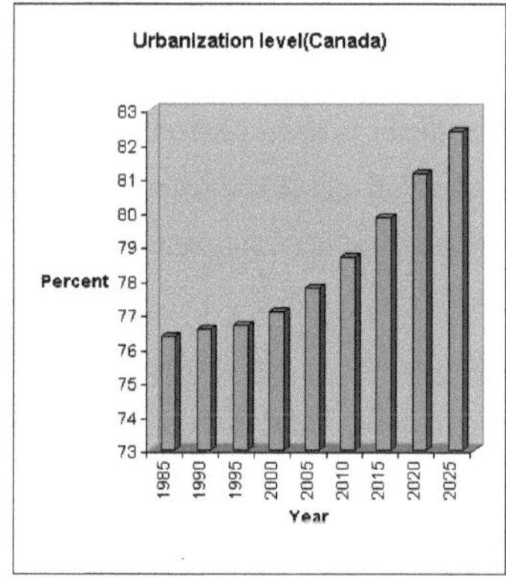

Abb. 1: **Verstädterung in Kanada (Quelle: Statistics Canada)**

Zurückzuführen ist dies auf das extreme Städtewachstum während des Industriezeitalters. In dieser Zeit entstehen viele Arbeitsplätze innerhalb von Städten; es kommt zu einer "Land- Stadt- Wanderungswelle". (Heineberg, 2006, S.218) Dieses Phänomen trat nicht nur in Kanada auf, sondern war in allen Industrieländern zu beobachten.

Parallel zum starken Anstieg der Stadtbevölkerung wächst auch die Armut innerhalb der Städte. Abbildung 2 veranschaulicht die Situation der wachsenden Armut . Die Grafik zeigt den Anstieg der Armut zwischen den Jahren 1970 und 1995. Auffällig ist, dass die Armut in den Städten (All CMAs) deutlich größer ist als auf dem Land (Non- CMAs). Jedoch verzeichnet Stadt und Land einen starken Anstieg der Armut seit der 90er Jahre.

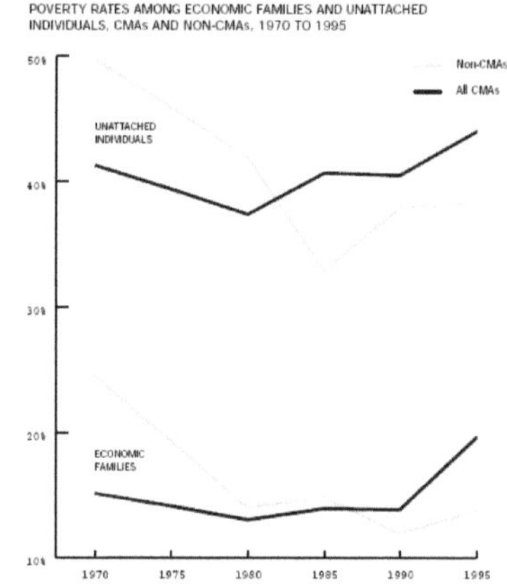

Abb. 2: **Armut Stadt/ Land 1970-1995 (Quelle: Uban Poverty in Canada, S.1)**

Ursächlich für den starken Anstieg der Armut sind dem Bericht URBAN POVERTY IN CANADA zufolge starke strukturelle Veränderungen. Laut des Berichts hat sich eine wirtschaftliche Umstrukturierung vollzogen und damit neue Anforderungen an die Arbeitsplätze. Man hat festgestellt, dass es entweder hoch qualifizierte Jobs mit hohen Löhnen gibt oder gering qualifizierte Jobs mit niedrigen Löhnen. Naturgemäß sind gering qualifizierte Jobs sehr krisenanfällig und enden zumeist in Arbeitslosigkeit. Außerdem wird die Veränderung in den Haushaltsstrukturen als Ursache für die steigende Armut genannt. Nach STATISTICS CANADA stieg der Anteil von Alleinerziehenden zwischen 2001 und 2006 auf beträchtliche 7,8%. Diese Bevölkerungsgruppe ist durch die zweifache Belastung der Kindeserziehung und Arbeit sehr gefährdet.

Eine Teilschuld hat, dem Bericht zufolge, die Regierung Kanadas. Demnach wurden Sozialleistungen verringert, was die Armut sozusagen begünstigt. Menschen ohne Beschäftigung steht also noch weniger Geld zur Verfügung. (vgl. Urban Poverty in Canada S.1)

3.1 Von Armut betroffene Bevölkerungsgruppen in Kanada

Aus dem Bericht Urban Poverty in Canada geht hervor, dass das Alter und das Geschlecht einen großen Einfluss auf die Armut haben. Aus Abbildung 3 erkennt man, dass vor allem Kinder und Jugendliche im Alter von 0 Jahren bis 24 Jahren von Armut betroffen sind. Danach ist die Armut bis ins Alter von 54 rückläufig. Interessant ist, dass sie anschließend bei den Frauen wieder ansteigt und bei den Männern annähernd gleich bleibt. Zusammenfassend kann man sagen, dass Kinder und Jugendliche sowie ältere Frauen am stärksten von Armut betroffen sind. Erwachsene bis ins 54. Lebensjahr weniger. Frauen sind in allen Alterssegmenten schlimmer von Armut betroffen als Männer. Da Kinder über kein Einkommen verfügen, liegt die Armut wohl begründet in den Familien in denen sie leben. Einher mit Kinderarmut, so der Bericht, gehen schlechte Gesundheit und eine schlechte schulische Bildung.

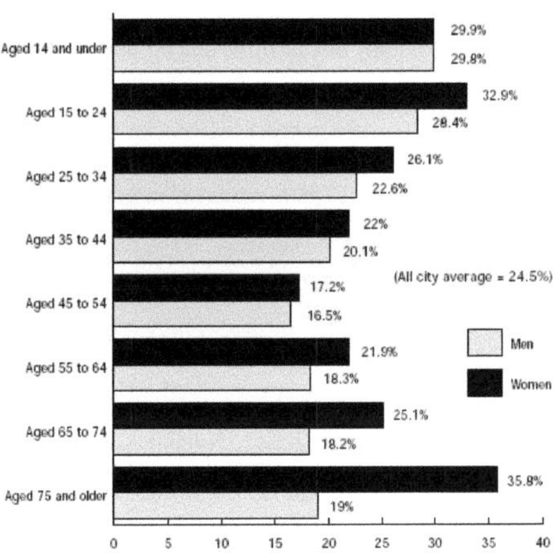

Abb. 3: Armut nach Geschlecht und Alter (Quelle: Uban Poverty in Canada, S.28)

Die Armut von Jugendlichen liegt begründet in fehlenden Arbeitsplätzen, aber auch in der Tatsache, dass sie noch in die Schule gehen.

Eine nächste von Armut betroffene Bevölkerungsgruppe sind Immigranten. Aus den unterschiedlichsten Gründen verlassen sie ihre Heimat um in Kanada ein neues Leben zu beginnen. Kulturelle, soziale und sprachliche Barrieren erschweren jedoch den Start. Dem Bericht URBAN POVERTY IN CANADA zufolge, haben sie dadurch Probleme auf dem Arbeitsmarkt. Ihr Einkommen liegt unter dem Durchschnitt. So sind im Schnitt 30% der Immigranten in Städten von Armut betroffen. Allerdings hat man auch festgestellt, dass je länger ein Immigrant in Kanada lebt, desto mehr steigt auch sein Einkommen.

Sichtbare Minderheiten, so genannte "Visible Minorities", sind ebenso wie Immigranten stark von der Armut betroffen. Sie werden definiert als "who are non- Caucasian in race or- non white in colour." (Urban Poverty in Canada S.37) Der Ausschnitt (Abb.4) aus einer

VISIBLE MINORITY POPULATION BY POVERTY STATUS AND CITY, SHOWING NUMBER, PROPORTION IN CITY POPULATION AND POVERTY RATE, 1995

	Visible minority persons		Proportion of visible minority persons in city population		Poverty rate (%)		
	Total	Poor	Total	Poor	Visible minority	Non-visible minority	Difference
ALL CITIES	2,618,600	983,700	21.6	33.1	37.6	20.9	16.7

Abb. 4: Visible Minority Bevölkerung und ihr Status (Quelle: Uban Poverty in Canada, S.40)

Tabelle aus URBAN POVERTY IN CANADA beziffert die Anzahl der in Kanada lebenden "visible minorities" auf 2,618,600, davon gelten 983,700 als arm also, 37,6% haben also große Probleme ihr Leben zu meistern.

Schwer betroffen von Armut ist auch die Gruppe der "aboriginal people" also der Ureinwohner. Unter diese Gruppe versteht "First Nations", "Iniuts" und "Métis". Nach URBAN CANADA hat diese Gruppe die größten Probleme hinsichtlich Armut. Abbildung 5 zeigt die großen Probleme in ausgewählten Städten. Mehr als 50% der in Städten lebenden Ureinwohner leben in Armut. Ganz eklatant scheint es in Vancouver zu sein. 66,1% der in Vancouver lebenden "aboriginal people" sind von

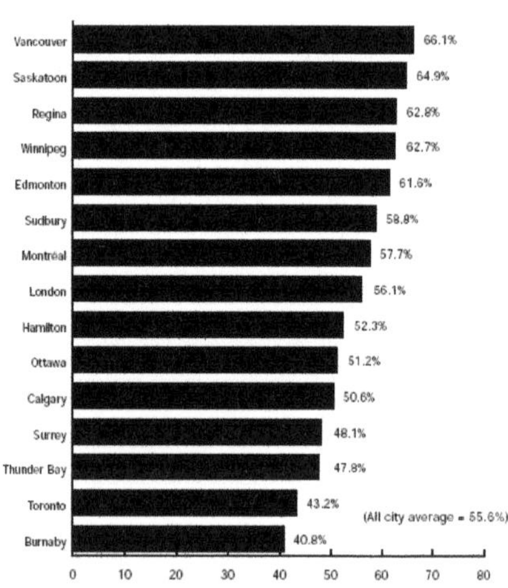

Abb. 5: Armut von Ureinwohner in Städten (Quelle: Uban Poverty in Canada, S.40)

Armut betroffen. Die Mehrheit der Ureinwohnern wohnt nicht in den Städten Kanadas. Im Schnitt leben nur 1,4% in den Städten. Allerdings nehmen sie in der Armutsverteilung bedeutende 3,4% ein. Der Bericht spricht von mehreren Faktoren, die für die schlechte Lage ursächlich ist. Als Hauptfaktor ist wohl die Diskriminierung zu nennen. "Aboriginal people face discrimination in hiring and employment. They earn about one-third less in wages. They are less likely to hold down fulltime, year-round jobs. They are much more likely to be employed in manual trades such as construction than in white collar jobs as professionals, administrators, managers or clerks." (Urban Poverty in Canada S.39)

Menschen mit Behinderungen sind auch eine sehr stark armutsgefährdete Gruppe. Aus Abbildung 5 geht hervor, dass 10,2% der Menschen, die in den Städten Kanadas lebt eine Behinderung hat. Hohe 36% der mit einer Behinderung lebenden Menschen leben in

PERSONS WITH DISABILITIES BY POVERTY STATUS AND CITY, SHOWING NUMBER, PROPORTION IN CITY POPULATION AND POVERTY RATE, 1995

	Persons with disabilities		Proportion of persons with disabilities in city population		Poverty rate (%)		
	Total	Poor	Total	Poor	With a disability	Without a disability	Difference
ALL CITIES	1,239,000	446,900	10.2	15.0	36.1	23.1	13.0

Abb. 5: Armutsgefährdete Menschen mit Behinderung (Quelle: Uban Poverty in Canada, S.40)

Armut.

Nach Aussagen des Urban Poverty Berichts hat auch der Haushaltstyp einen großen Einfluss auf die Armut. Von den 5,1 Millionen Haushalten in den Städten leben 63,1% in Familien ähnlichen Gemeinschaften und 36,9% als so genannte "unattached individuals" also allein stehende Personen . Von den "economic families" also in Familien ähnlich lebenden Gemeinschaften haben 44,3% keine Kinder, 36,7% Kinder und 10,3% sind alleinerziehende Familien. 20,3% der "economic families" und 45,2% der "unattached individuals" gelten als arm.

Am stärksten betroffen sind Alleinerziehende und alleinstehende Menschen mit 59,2% bzw. 45,2 %. Der Haushaltstyp ist

HOUSEHOLDS BY HOUSEHOLD TYPE AND POVERTY STATUS, SHOWING NUMBER, PROPORTION OF TOTAL HOUSEHOLDS AND POVERTY RATE, AGGREGATE OF CITIES, 1995

	Number		Proportion of total households		Poverty rate (%)
	Total	Poor	Total	Poor	
Total households	5,141,900	1,517,200	100.0	100.0	29.5
Total economic families	3,246,100	660,600	63.1	43.5	20.3
Total unattached individuals	1,895,700	856,600	36.9	56.5	45.2
Total economic families	3,246,100	660,600	100.0	100.0	20.3
Couples with no children under 18	1,438,400	171,300	44.3	25.9	11.9
Couples with children under 18	1,192,500	222,800	36.7	33.7	18.7
Lone-parent families with children under 18	333,600	197,500	10.3	29.9	59.2
All other families	281,500	68,900	8.7	10.4	24.5
Total unattached individuals	1,895,700	856,600	100.0	100.0	45.2
Men	894,600	380,800	47.2	44.5	42.6
Women	1,001,100	475,800	52.8	55.5	47.5

Abb. 6: Haushaltstyp und Armut (Quelle: Uban Poverty in Canada, S. 44)

somit ein entscheidender Faktor welcher, Armut beeinflusst.

Zusammenfassend ist zu sagen, dass es bei der Betrachtung von Armut große Unterschiede hinsichtlich der Bevölkerungsgruppen gibt, was aber leider ganz natürlich ist und kein Phänomen, welches nur in Kanada auftritt. (vgl. Urban Poverty in Canada S.27- 48)

Nachdem "3. Armuts- und Reichtumsbericht der Bundesregierung" sind Alleinerziehende, Personen mit Migrationshintergrund, ältere Menschen, Menschen mit Behinderung und Kinder von Armut gefährdet. Die Ergebnisse in Deutschland sind sehr ähnlich denen in Kanada. (vgl. 3. Armuts- und Reichtumsbericht Deutschland)

In Kanada haben die Ethnie, das Geschlecht, das Alter, eine Behinderung sowie der Haushaltstyp starke Auswirkungen auf die Armut.

3.2 Der kanadische Wirtschafts- und Arbeitsmarkt

Die Weltwirtschaft untersteht schon immer einer sehr progressiven Entwicklung. Der sektorale Wandel beschreibt die Veränderung eines Landes von der Agrargesellschaft zu einer über die Industriegesellschaft und der Dienstleistungsgesellschaft hin zur Informationsgesellschaft.(vgl. Kulke, S.22)

Infolge der Globalisierung, des technologischen Fortschritts und des ökonomischen Strukturwandels kam es in Kanada zu einem Anstieg des Wohlstandes aber gleichzeitig auch zu einem Anstieg der Arbeitslosigkeit.

Kanada ist gerade in einem Wandel von einer Industriegesellschaft zu einer Dienstleistungsgesellschaft, was auch Abbildung 7 bestätigt. Die Anzahl der Arbeitsplätze im Industriesektor ist stetig fallend, während die Arbeitsplätze im Dienstleistungssektor ansteigend sind.

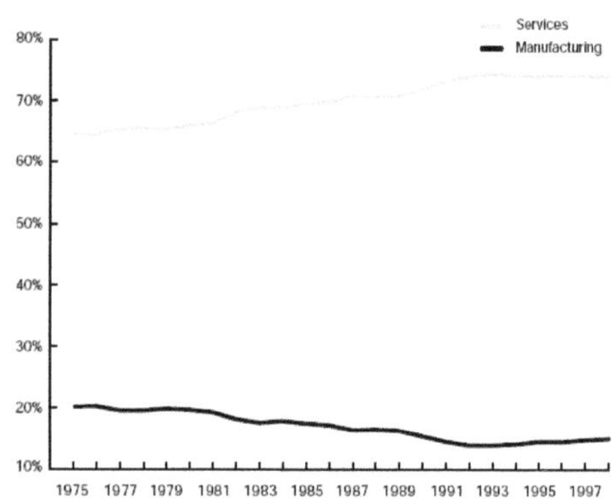

Abb. 7: Beschäftige Industrie-/ Dienstleistungssektor (Quelle: Urban Poverty in Canada, S. 54)

Lediglich 15% der arbeitenden Bevölkerung in Kanada sind in der Industrie beschäftigt, demgegenüber stehen 73% die in der Dienstleistungsbranche beschäftigt sind. Den Strukturwandel erkennt man auch an den Rezessionen in den Jahren 1982/ 1983 bzw. 1990-

1992. Die Reaktion spiegelt sich in einem Anstieg der Arbeitslosigkeit (Abb. 8) wieder.

Der Rückgang der Arbeitslosen nach einer Rezession dauerte jeweils mehrere Jahre.

Die Anforderungen an eine gut bezahlte Arbeit werden immer größer. Bildung bzw. der schulische Abschluss steht, so der Bericht, in einem engen Zusammenhang mit dem Einkommen. In Abbildung 9 ist dieser Zusammenhang sehr deutlich. Während lediglich 15,9% der Menschen mit einem "Post- secundary certificate" von Armut betroffen sind stehen demgegenüber 29,6% der Menschen mit keinem Abschluss. Man erkennt die große

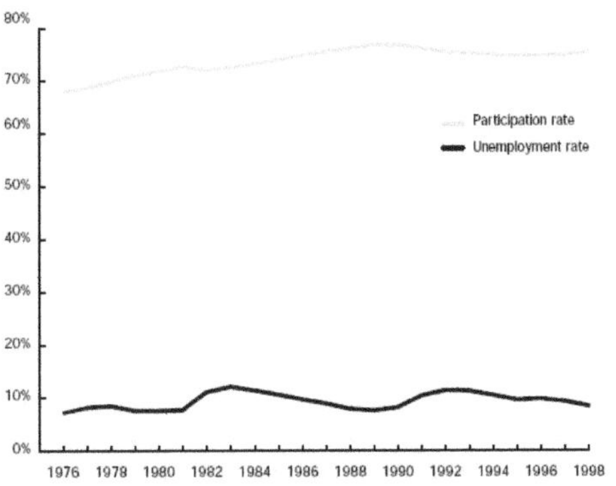

Abb. 8: Beschäftige Industrie-/ Dienstleistungssektor (Quelle: Urban Poverty in Canada, S. 54)

POPULATION AGED 15 AND OLDER BY EDUCATION LEVEL AND POVERTY
STATUS, SHOWING NUMBER, PROPORTION IN TOTAL POPULATION AND
POVERTY RATE, AGGREGATE OF CITIES, 1995

	Number		Proportion of population		Poverty rate (%)
	Total	Poor	Total	Poor	
Total population	9,822,000	2,278,500	100.0	100.0	23.2
Post-secondary certificate	3,496,300	555,400	35.6	24.4	15.9
High school graduate (secondary certificate)	2,296,100	529,200	23.4	23.2	23.0
Less than high school (less than secondary certificate)	4,029,600	1,193,800	41.0	52.4	29.6

Abb. 9: Bildung und Armut (Quelle: Urban Poverty in Canada, S. 56)

Bedeutung von Bildung in Zeiten immer knapper werdenden Arbeitsplätze.

Der Strukturwandel hat zur Folge, dass die Schere zwischen Arm und Reich immer größer wird. Die Nachfrage des Arbeitsmarktes sind gut ausgebildete Fachkräfte mit einer guten schulischen Ausbildung. Ein guter Abschluss kann die Armutsgefährdung stark minimieren. (vgl. Urban Poverty in Canada S.53- 66)

3.3 Sozialleistungen in Kanada

Auf dem Markt bestimmt die Leistung das Einkommen. Ohne die staatliche Umverteilung wären bestimmte Bevölkerungsgruppen nicht in der Lage am öffentlichen Leben teilzunehmen, geschweige denn sich selbst zu versorgen.

Das Instrument einer Sozialstaats zur Umverteilung sind Steuern, also Mehrwertsteuer, Einkommenssteuer und noch viele andere. Am Beispiel der Einkommensteuer ist es anschaulich zu erklären, je höher der Verdienst ist, desto höher ist auch der prozentuale Anteil des Einkommens welches abgegeben werden muss. Dadurch wird in einem gewissen Maße eine sozialpolitisch erwünschte Umverteilung der Einkommens erreicht. Nach Abzug der Einkommensteuer ist der Unterschied zwischen hohen und niedrigen Gehältern nicht mehr so groß wie vorher. (vgl. Bofinger, 2006, S.228-248)

Der Gini- Koeffizient ist ein "wichtiges Maß für die Einkommensungleichheit bzw. allgemein für die Ungleichheit von Verteilungen."(Bofinger, 2006,S.234) Der Koeffizient kann Werte zwischen 0 und 1 annehmen also zwischen 0% und 100%. Je höher der Wert ist umso größer ist die Ungleichheit des Einkommens in einer Bevölkerung dementsprechend bedeutet ein sehr kleiner Wert respektive 0 eine absolute Gleichverteilung. Dies würde bedeuten, dass jeder Bürger einer Landes über die gleichen monetären Mittel verfügt. Leider bzw. glücklicherweise trifft dies nicht zu. Abbildung 10 zeigt den Gini- Koeffizient der Einkommensverteilung ausgewählter Länder im Vergleich. Es wurden hierzu drei Gini-Koeffizienten ermittelt. Der erste Wert ist der Gini- Koeffizient vor Steuern, der zweite nach Steuern und der dritte Wert nach Steuern und Sozialtransfers. Es wird ersichtlich,

	LIS Survey Years	Pre–Tax & Transfer Gini	Post–Tax & Transfer Gini	Reduction in Gini due to Taxes & Transfers
Social Democratic Welfare States				
Sweden	67, 75, 81, 87, 92, 95	32.7	20.2	37.9
Norway	79, 86, 91, 95	29.8	21.5	27.5
Denmark	87, 92	32.5	21.5	33.6
Finland	87, 91, 95	31.0	20.0	35.2
Mean		31.5	20.8	33.6
Christian Democratic Welfare States				
Belgium	85, 88, 92	33.7	21.6	35.6
Netherlands	83, 87, 92	37.5	26.0	30.6
Germany	73, 78, 81, 83, 89, 94	32.2	26.2	18.7
France	79, 81, 84, 89, 94	39.4	29.4	25.4
Italy	86, 91, 94	35.7	31.3	12.1
Switzerland	82, 92	33.5	30.5	8.8
Mean		35.3	27.5	21.9
Liberal Welfare States				
Australia	81, 85, 89, 94	37.5	28.5	24.0
Canada	71, 75, 81, 87, 91, 94	35.8	28.2	21.3
U.K.	69, 74, 79, 86, 91, 95	38.2	29.3	22.7
U.S.A.	74, 79, 86, 91, 94, 97	39.8	32.8	17.6
Mean		37.8	29.7	21.4

Quelle: Bradley et al. (2003, S. 210)

Abb. 10: Gini Koeffizient ausgewählter Länder (Quelle: Bradly et al., S210)

dass die Ungleichverteilung in Canada vor Steuern 35,8% beträgt. Nach Steuern inklusive Sozialleistungen bei 21,3% im Vergleich dazu Deutschland mit 18,7%.

Mit diesen steuerlichen Einnahmen werden unter anderem Sozialleistungen bedient. Die Sozialausgaben haben in Kanada seit 1978 bis ins Jahr 2003 um mehr als 20% zugenommen (vgl. Satistics Canada). Dies verdeutlicht die dramatische Zunahme an Bedürftigen.

Social Security Expenditures and Welfare Expenditures Canada, 2002-2003

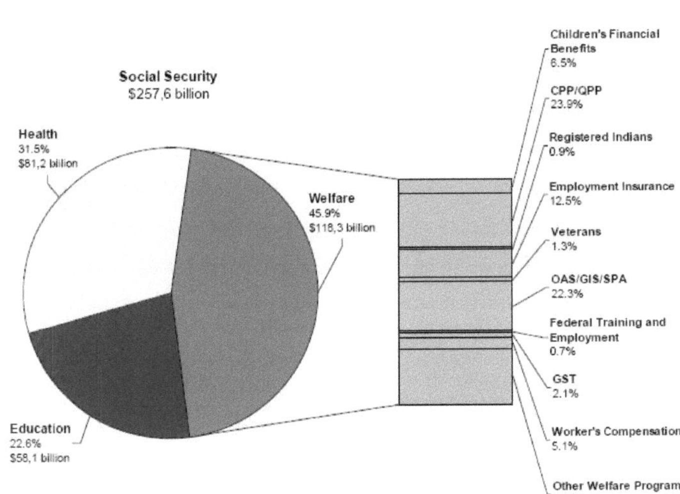

Abb. 11: Sozialausgaben 2002- 2003 Canada (Quelle: Statistics Canada)

Abbildung 11 schlüsselt die Sozialausgaben im Jahre 2002- 2003 auf. Die Sozialausgaben betrugen insgesamt 257,6 Milliarden Dollar. 22,6% wurden davon in das Bildungswesen und 31,5% in das Gesundheitswesen investiert. Der größte Anteil, nämlich 45,9% wurde dem Sozialwesen zur Verfügung gestellt.

Um sozialen Disparitäten entgegenzuwirken bedient sich Kanada mehrerer Programme. Sie können von Provinz zu Provinz sehr unterschiedlich sein. Alle zu nennen und zu erklären würde den Rahmen dieser Arbeit sprengen. Im folgenden wird auf die zwei wichtigsten Programme eingegangen.

Wie auch in Deutschland gibt es eine Sozialversicherung. Die Sozialversicherung gliedert sich in unterschiedliche Sparten auf. Die Einkommenssicherheit wird unterstützt durch die "Employment Insurance" also der Arbeitslosenversicherung. Im Falle eines Verlustes der Arbeit bekommt man Arbeitslosengeld. Die Höhe und die Zeit des einem zur Verfügung stehenden Arbeitslosengeldes ist in Abhängigkeit des letzten Gehalts und die Dauer der Tätigkeit. Jemand der viel Verdient muss höhere Beiträge zahlen; bekommt dann aber auch mehr Arbeitslosengeld.

In Kanada gibt es auch Programme für Menschen ohne Arbeit. Zu nennen hierbei ist die "social assistance" (Sozialhilfe). Die Sozialhilfe dient der Grundsicherung. Unter Grundsicherung versteht man Nahrung, Kleidung, Wohnen, etc.

Ob die Sicherungssysteme das halten was sie versprechen, wird im nächsten Kapitel an der Stadt Vancouver untersucht.

4. Vancouver

Vancouver liegt in der Provinz British Columbia an der Westküste Kanadas am Pazifischen Ozean. Die Stadt ist Teil Metro Vancouvers oder auch Greater Vancouver Regional District (GVRD) genannt, einem Bezirk aus 21 Gemeinden. 2006 lebten 4.113.487 Menschen in British Columbia, davon 2.116.581 im GVRD und davon 578.041 in Vancouver.

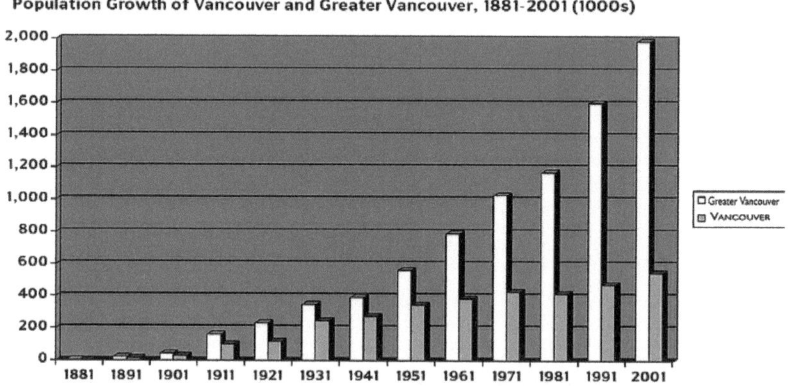

Abb. 12: Bevölkerungsentwicklung GVRD und Vancouver (Quelle: Statistics Canada)

(vgl. Statistics Canada) Abbildung 12 zeigt das starke Wachstum innerhalb der letzten 120 Jahren.

Die Stadt Vancouver blickt auf eine verhältnismäßig kurze Geschichte zurück. Seit ihrer Gründung im Jahre 1870 bis heute vergingen lediglich 138 Jahre.

Den Startschuss des Wachstums stellte der Goldrausch und der Anschluss an die Transkontinentalbahn von 1887 dar. Durch die Eröffnung des Panamakanals im Jahre 1914 verstärkte sich die Stellung Vancouvers als Wirtschaftszentrum in Kanadas Westen. Die Wirtschaft basierte zu Beginn auf der Ausbeutung von natürlichen Ressourcen. Innerhalb weniger Jahrzehnte entwickelte sich Vancouver zu einem Dienstleistungszentrum. (vgl. Lenz 242-244)

Spätestens seit der Expo von 1986 ist die Metropole Vancouver auch eine beliebte Tourismusdestination. Internationale Studien über Lebensqualität in Metropolen sehen Vancouver immer ganz weit vorne. Die olympischen Winterspiele 2010 werden in Vancouver ausgetragen. Vancouver scheint einer tollen Zukunft entgegen zu blicken.

4.1 Downtown Eastside

Wie auch in vielen anderen Metropolen herrschen in Vancouver erhebliche soziale Disparitäten. Besonders betroffen in Vancouver ist der Stadtteil Downtown Eastside (DTES). Die DTES liegt in unmittelbarer Nähe (Abb.13) zur Downtown von Vancouver. DTES ist der älteste Stadtteil in Vancouver und war am Anfang des 20. Jahrhundert das Zentrum. Der Stadtteil DTES setzt sich nochmals aus 7 Zonen (Abb.14) zusammen. Dazu gehören, von West nach Ost, Victory Square, Gastown, Chinatown, Thornton Park, Oppenheimer, Industrial Area und Strathcona. Die Unterteilung in Zonen ist unter anderem historischer Natur. Während der CBD und die heutige Downtown entstand verlor die DTES immer

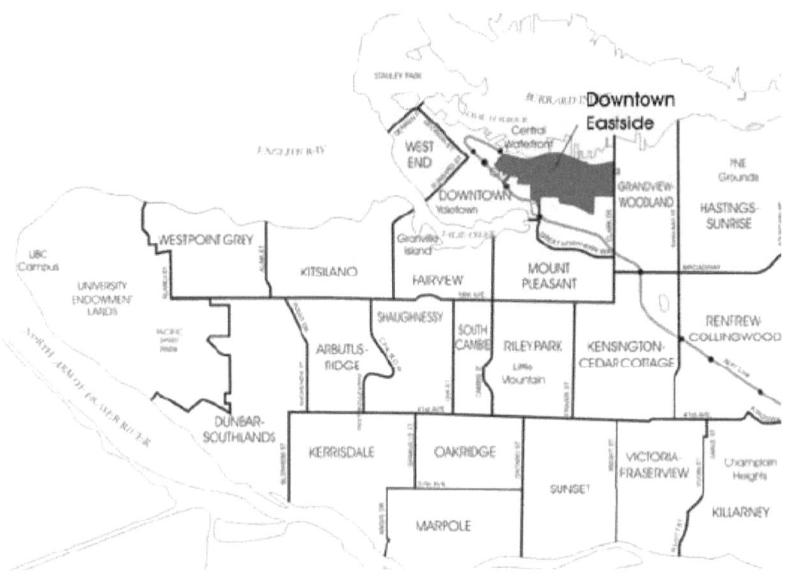

Abb. 13: Stadtteile Vancouver (Quelle: DTES Community Monitoring Report, S.4)

15

mehr an Bedeutung was im Laufe der Zeit zu einem Verfall des Stadtviertels geführt hat.

Abb. 14: Zonen DTES (Quelle: DTES Community Monitoring Report, S.4)

4.1.1 Demografisches Profil der DTES

Zwischen 1991 und 2001 ist die DTES um 5% gewachsen. Im Jahre 2001 lebten 16.590 Menschen in dem Stadtteil. Jedoch ist nicht jede Zone gleichsam gewachsen. Während Chinatown, Gastown und Victory Square einen Bevölkerungszuwachs verbuchten, ging die Zahl der Bevölkerung in den Zonen Oppenheimer und Strathcona zurück. (Abb. 15)

Population Change 1991-2001 Sub-Areas

Population	Chinatown	Gastown	Oppenheimer	Strathcona	Thornton Park	Victory Square
1991	715	1,810	5,165	7,015	N/A	855
1996	785	2,095	5,260	6,565	255	1,135
2001	860	2,355	5,155	6,395	285	1,130
% Change 91-01	16.9%	23.1%	-0.2%	-9.7%	N/A	24.3%

Abb. 15: Bvölkerungsveränderung DTES 1991- 2001 (Quelle: DTES Community Monitoring Report, S.6)

Die meisten Menschen wohnen in Strathcona mit 6.395 und 5.155 in Oppenheimer. Die wenigsten leben in Thornton Park und Chinatown. Somit verteilt sich zu 70% die Bevölkerung auf die beiden Zonen Strathcona und Oppenheimer. (Abb. 16)
In der DTES leben 62% Männer und 38% Frauen.
Aus Abbildung 17 ist ersichtlich, dass Thornton Park und Victory Square die Zonen mit der größten männliche Population darstellen. Nur Strathcona

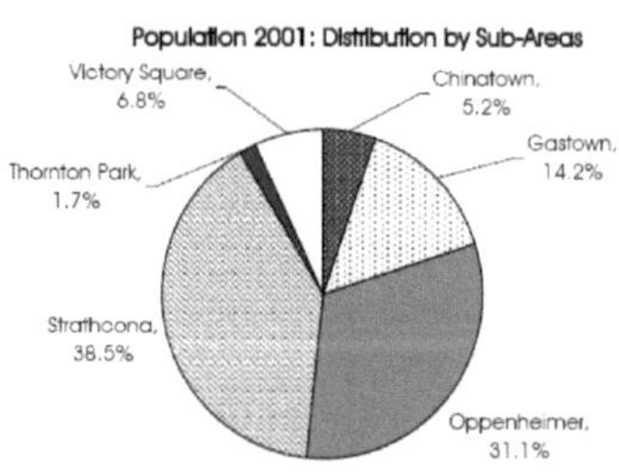

Abb. 16: Bevölkerungsverteilung DTES (Quelle: DTES Community Monitoring Report, S.7)

16

spiegelt die geschlechtliche Verteilung von Vancouver wieder.

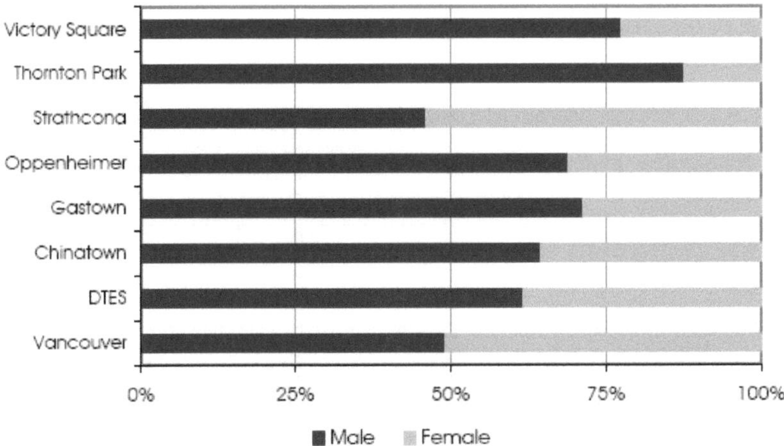

Abb. 15: Bvölkerungsveränderung DTES 1991- 2001 (Quelle: DTES Community Monitoring Report, S.8)

Bei der Betrachtung der Alterstruktur (Abb.16) ist erkenntlich, dass fast die Hälfte der Bevölkerung älter als 45 ist. Auffällig ist der hohe prozentuale Anteil von 22% von Menschen die älter als 65 sind im Vergleich zu 13% in gesamt Vancouver. Die DTES hat einen

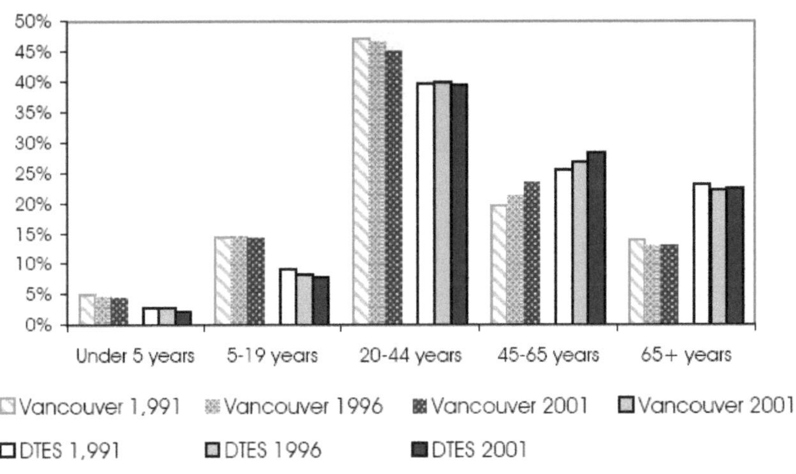

Abb. 16: Altersstruktur DTES 1991- 2001 (Quelle: DTES Community Monitoring Report, S.8)

17

geringen Anteil von Kindern und Jugendlichen.

Die Haushaltsstruktur (Abb.17) in DTES wird dominiert von Menschen, die nicht in Familien wohnen, so genannte "non- family persons". In Familien ähnlichen Gemeinschaften leben 39% der Einwohner. Im Vergleich zu Gesamt Vancouver sind das gravierende Unterschiede.

People Living in Families Vancouver and DTES

	Vancouver			DTES		
	1,991	1996	2001	1,991	1996	2001
Non-Family Persons	30%	31%	28%	58%	60%	61%
Family Persons	70%	69%	72%	42%	40%	39%

Abb. 17: Haushaltsstruktur DTES (Quelle: DTES Community Monitoring Report, S.9)

Nur in Strathcona überwiegt die Haushaltsstruktur Familie. In allen anderen Zonen wohnen mehr "non- family persons". Ganz eklatant ist der Unterschied in den Zonen Thornton Park und Victory Square.(vgl. Abb. 18)

Household Structure 2001 Sub Areas

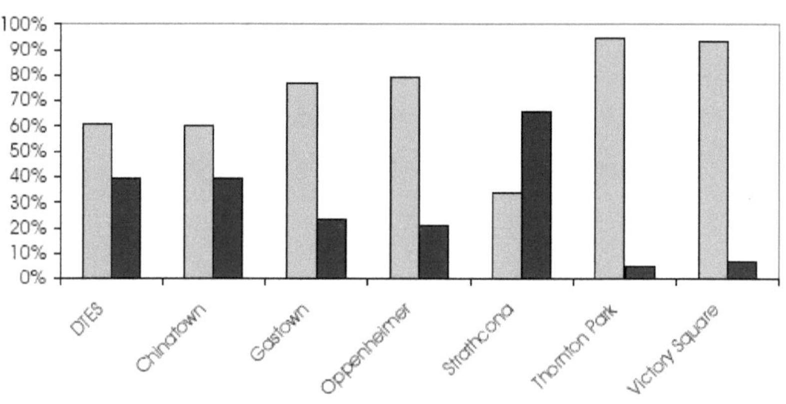

Abb. 18: Haushaltsstruktur DTES in Zonen (Quelle: DTES Community Monitoring Report, S.9)

Das Verhältnis zwischen Immigranten und Kanadiern ist in der DTES ausgeglichen. Die meisten Immigranten leben in Strathcona und in Chinatown. In den anderen Stadtteilen überwiegen die Nichtimmigranten. Vor allem in Victory Square leben zu 85% Nichtimmigranten.

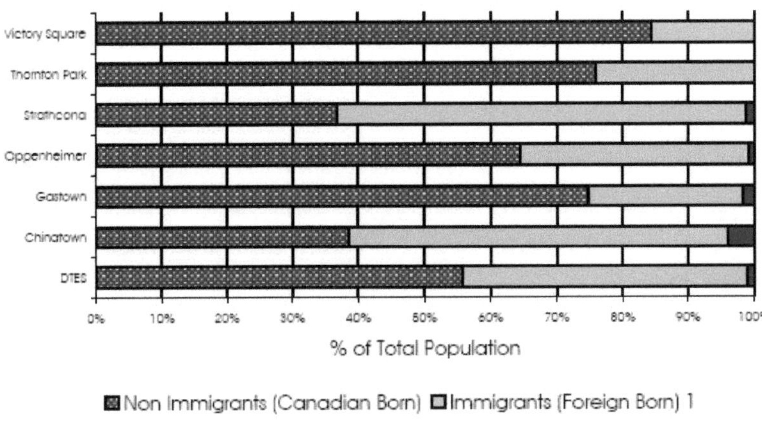

Abb. 19: Immigranten DTES (Quelle: DTES Community Monitoring Report, S.9)

DTES hat gegenüber gesamt Vancouver eine erhöhte Quote von Arbeitslosen. Die Arbeitslosenquote in Vancouver beträgt 8% und in DTES 22%.

Hinsichtlich des Einkommens (Abb.20) ist DTES deutlich hinter den Einkommen in gesamt Vancouver. Das durchschnittliche Einkommen betrug 2001 $18.571 in der DTES dem gegeüber stehen $57.916 in Vancouver. (vgl. DTES Community Monitoring Report S. 2-13)

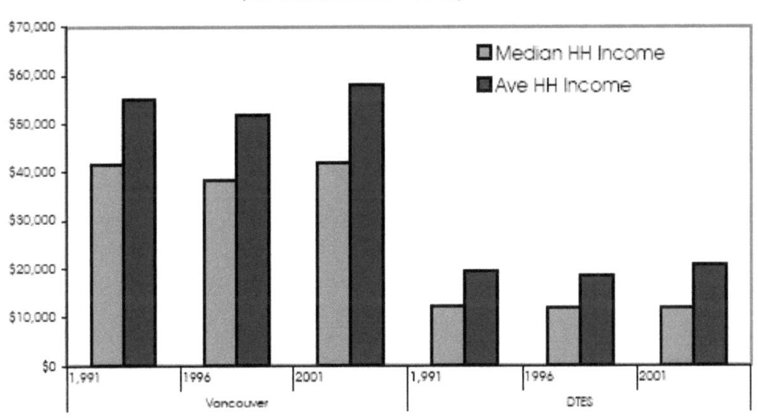

Abb. 20: Einkommen DTES (Quelle: DTES Community Monitoring Report, S.9)

19

Dem DTES COMMUNITY MONITORING REPORT zu Folge gibt es eine große Anzahl an Wohnungen mit billigen Mieten. Die Durchschnittsmiete lag im Jahre 2001 bei $407 und damit deutlich unter dem Schnitt von Gesamt Vancouver.

Die DTES dient somit als Auffangbecken ärmerer Menschen in Vancouver.

4.1.2 Wohnungsmarkt

Der Wohnungsmarkt der DTES ist für von Armut betroffene und gefährdete Menschen vor allem gekennzeichnet durch vier Wohungstypen, "Single Room Occupancy Hotels" (SROs), "Non- Market Housing", "Special Needs Residential Facilities" (SNRFs) und "Emergency shelters ".

Unter SROs versteht man Einzimmer- Apartments mit Gemeinschaftsbad. Sie werden Privat verwaltet. Hier wohnen von Armut betroffene Menschen, die sich teure Mieten nicht mehr leisten können. SROs sind die letzte Möglichkeit vor der Obdachlosigkeit. Seit 1995 haben mehr als 700 SROs geschlossen, was ein großes Problem darstellt (vgl. Abb.21). Durch das 2003 erlassene Gesetz " single room accomodation by-law" soll verhindert werden, dass noch mehr SROs schließen.

"Non Market Housing" sind zumeist Wohnungen für Singles mit niedrigen Einkommen. Sie bezahlen weniger als 30% ihres Einkommens für die Miete. Die Stadt Vancouver ist im Besitz dieser Wohnungen. Die Ausstattung der Wohnungen sind Küche und Badezimmer. Seit 1995 sind mehr als 1000 dieser Wohnungen entstanden und sollen die SROs im Laufe der Zeit ersetzen. (vgl. Abb.21)

SNRFs sind eine Art von Heim, wo Menschen aufgrund einer Krisensituation Unterkunft gewährt bekommen und betreut wohnen können. Die Stadt ist Träger dieser Einrichtungen. Auf dem Markt sind zur Zeit 980 Betten, jedoch sind seit 2002 keine weiteren hinzugekommen und keine weiteren geplant. (vgl. Abb.21)

"Emergency Shelters" sind Notunterkünfte und dienen als vorübergehende Unterkunft. Die Ausstattung reicht von Zimmern bis Schlafmatten. Die durchschnittliche Aufenthaltsdauer ist seit 1997 ansteigend (vgl. Abb 22). Zwischen 1997 und 2001 wurden mehr Menschen aufgenommen als abgelehnt. Seit 2001 hat sich das geändert. (vgl. DTES Community M. Report S.15-24)

Housing in the DTES 1994-2005

	1995	1996	1997	1998	1999	2000	2001	2002	2003	2004	2005
SRO	5,762	5,731	5,551	5,349	5,327	5,149	5,162	5,139	4,997	5,041	5,005
Non-Market	3,875	3,942	3,957	4,177	4,345	4,582	4,688	4,826	5,095	5,095	5,180
SNRF	755	787	787	721	721	721	789	980	980	980	980

Abb. 21: Wohnungsmarkt (Quelle: DTES Community Monitoring Report, S.15)

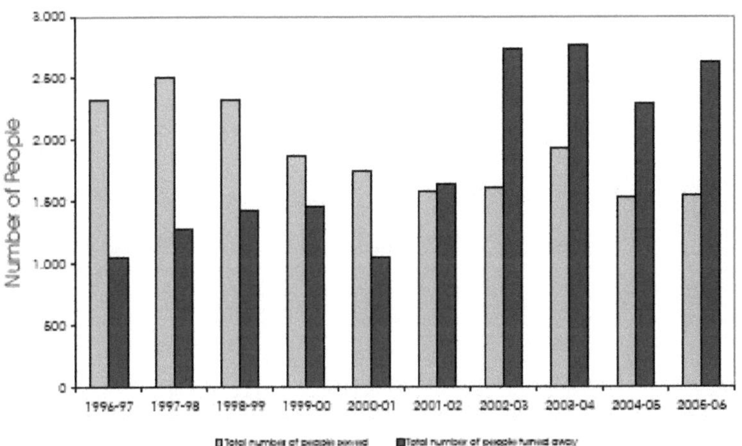

Abb. 22: Emergency Shelters (Quelle: DTES Community Monitoring Report, S.15)

4.1.3 Öffentliche soziale Einrichtungen und Leistungen

In der DTES sind eine Vielzahl öffentlicher sozialer Einrichtungen vorhanden. Die Spanne reicht von Treffpunkten für Frauen und Rentnern über Kindergärten, Schulen, Suchtberatungen und Gemeinschaftsküchen sowie Essensausgaben.

4.1.4 Revitalisierung

Die Revitalisierungsprozesse werden vor allem in der Nähe der Downtown umgesetzt im Westen der DTES, also in den Zonen Gastown, Vicotry Square und Chinatown. Dies liegt in der touristischen Attraktivität dieser Zonen begründet. So wurde z.B. in Chinatown das "Millenium Gate" gebaut, welches das Tor zur Chinatown darstellt. Die Liste dieser Projekte ist sehr lang. Außerdem wurden einige Gebäude unter Denkmalschutz gestellt und saniert.

Im Osten der DTES, also in den Problemzonen, werden hinsichtlich der Revitalisierung nur sehr wenige Projekte umgesetzt. Man versucht hier auf die sozialen Probleme zu reagieren und baut unter anderem Sozialwohnungen, "Spritzenstuben" und andere soziale Einrichtungen. (vgl. DTES Community M. Report S.42-58)

4.1.5 Sichtbare Probleme in der DTES

HARD TIMES gibt einen Überblick über soziale Probleme in Vancouver. Der Untersuchung zufolge, bei der 60 Experten aus Vancouver befragt wurden, endet Armut in Obdachlosigkeit, Drogenmissbrauch, Kriminalität und Prostitution. Die Armut von Menschen zeigt sich in der DTES sehr prägnant.

Das größte Problem in Vancouver ist die Obdachlosigkeit. Die Mieten sind ansteigend und gleichzeitig gibt es immer weniger Wohnungen für von Armut betroffene Menschen. Die Folge ist, dass die Menschen auf der Straße leben müssen. Abbildung 21 zeigt eindrucksvoll den enormen Anstieg von 94% der Obdachlosen in den Jahren 2002- 2005. (vgl. Hard Times, 2007, S. 4-8)

Number Homeless	2002	2005	Change	% Change
Sheltered	788	1,047	259	+33%
Street	333	1,127	794	+239%
Total Homeless	1,121	2,174	1,053	+94%

Abb. 23: Obdachlosigkeit Vancouver (Quelle: Hard Times, S.5)

5. Ausblick

Die Armut als Folge des Strukturwandels ist auch in Vancouver deutlich zu erkennen. Soziale Disparitäten sind vor allem in der DTES zu erkennen. Das soziale Sicherungssystem scheint die Menschen nicht in einem ausreichendem Maß vor der Armut zu schützen. Die Folgen sind Obdachlosigkeit, Drogenmissbrauch, Kriminalität und Prostitution.

In der DTES ist ein klares West Ost Gefälle zu erkennen, welches eventuell durch Gentrifizierung zu erklären ist. Die Zonen im Westen werden revitalisiert, da sie typische touristische Destinationen sind, während die Problemzonen im Osten weitestgehend sich selbst überlassen bleiben. Dies führt zu einer weiteren Segregation innerhalb der DTES. Die große Anzahl an Sozialleistungen sowie Sozialwohnungen zeigt die große Bedeutung der DTES für von Armut betroffene Menschen. Die Leistungen reichen über Suchtberatung bin hin zu Übernachtungsmöglichkeiten.

Meiner Meinung nach werden sich die Probleme weiter verschärfen. Durch die aktuelle Wirtschaftskrise werden noch mehr Menschen die Armut zu spüren bekommen. Dieses Phänomen ist nicht nur in Vancouver festzustellen, sondern in allen Metropolen dieser Welt. Der Sozialstaat hilft, versagt aber zugleich.

Literaturverzeichnis

- **Bähr, Jürgen** (2004): Bevölkerungsgeographie, Stuttgart

- **Bofinger, Peter** (2007): Grundzüge der Volkswirtschaftslehre, München

- **Bundesregierung** (2008): 3. Armuts und Reichtumsbericht der Bundesregierung

    URL:http://www.bmas.de/coremedia/generator/26742/property=pdf/dritter__ armuts __und

    __reichtumsbericht.pdf(letzter Zugriff am 02.07.2009)

- **Butterwegge, Christoph** (1999): Wohlfahrtsstaat im Wandel, Opladen

- **City of Vancouver** (2006): Downtown Eastside Community Monitoring Report

    URL: http://vancouver.ca/commsvcs/planning/dtes/pdf/2006MR.pdf (letzter

    Zugriff: 04.07.2009)

- **Communtiy Social Planning Council** (2003): Measuring Poverty Report, June 2003

    URL: http://www.qolchallenge.ca/pdf/MeasuringPovertyReport2003.pdf (letzter Zugriff am

    02.07.2009)

- **Economist.com**: Liveability ranking

    URL:http://www.economist.com/markets/rankings/displaystory.cfm?story_id=E1_RJD

    RQVQ (letzter Zugriff am 02.07.2009)

- **Heineberg, Heinz** (2006): Stadtgeographie, Paderborn

- **Kulke, Elmar** (2008): Wirtschaftsgeographie, Paderborn

- **Lenz, Karl** (2001): Kanada, Darmstadt

- **Metro Vancouver**: GVRD Population and Private Dwellings, 2006 Census

    URL: http://www.metrovancouver.org/about/publications/Publications/KeyFacts-Populatio

    nandPrivateDwellings-2006.pdf (letzter Zugriff am 02.07.2009)

- **Statistics Canada**: Internetpräsenz URL: http://www.statcan.gc.ca/ (letzter Zugriff: 04.07.2009)

- **The World Bank**: Internetpräsenz

    URL: http://www.worldbank.org/ (letzter Zugriff am 02.07.2009)

- **Wilkie, Karen und L. Berdahl** (2007): Hard Times, Canada West Foundation

    URL: http://www.cwf.ca/V2/files/Hard_Times.pdf (letzter Zugriff: 04.07.2009)

BEI GRIN MACHT SICH IHR WISSEN BEZAHLT

- Wir veröffentlichen Ihre Hausarbeit, Bachelor- und Masterarbeit

- Ihr eigenes eBook und Buch - weltweit in allen wichtigen Shops

- Verdienen Sie an jedem Verkauf

Jetzt bei www.GRIN.com hochladen und kostenlos publizieren